目　录

项目一　ABB 工业机器人仿真软件基本操作 …… 1
- 任务一　创建工业机器人工作站 …… 1
- 任务二　搭建工业机器人基础工作站 …… 4
- 任务三　工具坐标系的建立 …… 6
- 任务四　工件坐标系的建立 …… 9
- 任务五　工业机器人数据的备份与恢复 …… 11

项目二　焊接工作站仿真与实操 …… 14
- 任务一　五角星图形焊接轨迹仿真 …… 14
- 任务二　焊接工作站综合实操 …… 17

项目三　绘图工作站仿真与实操 …… 19
- 任务一　多边形图形绘图仿真 …… 19
- 任务二　绘图工作站综合仿真 …… 22
- 任务三　工件坐标的应用 …… 26

项目四　搬运工作站的仿真与实操 …… 28
- 任务一　正方形物料搬运工作站仿真 …… 28
- 任务二　搬运工作站综合仿真与实操 …… 32

项目五　RobotStudio 在线应用 …… 34
- 任务一　RobotStudio 与控制器的连接 …… 34
- 任务二　在线修改 RAPID 程序及文件传送 …… 36

项目一　ABB工业机器人仿真软件基本操作

任务一　创建工业机器人工作站

工作任务	创建工业机器人工作站	教学模式	理实一体
建议学时	4学时	需设备、教材	YL-399、工业机器人教材

一、学习目标

	学习目标
知识目标	了解工业仿真软件基础知识
	掌握设置RobotStudio软件的仿真条件
技能目标	学会安装RobotStudio软件
	掌握运用"空工作站解决方案"的方式新建一个工业机器人工作站方法
素养目标	通过建立工业机器人工作站，提高思维能力和应用能力
	在实训过程中通过"发现问题、解决问题"培养学生的沟通能力和自主探究能力

二、基础知识

1. 常见工业机器人仿真软件有＿＿＿＿、＿＿＿＿、＿＿＿＿、＿＿＿＿、＿＿＿＿、＿＿＿＿、＿＿＿＿、＿＿＿＿。

2. RobotStudio是一款＿＿＿＿，用于机器人单元的＿＿＿＿、＿＿＿＿和＿＿＿＿。

3. RobotStudio允许使用＿＿＿＿，即在PC上本地运行的＿＿＿＿。这种离线控制器也被称为＿＿＿＿。RobotStudio还允许使用真实的物理IRC5控制器（简称为"＿＿＿＿"）。

4. 当RobotStudio随真实控制器一起使用时，称为＿＿＿＿。当在未连接到真实控制器或在连接到虚拟控制器的情况下使用时，为＿＿＿＿。

5. RobotStudio的操作界面可以分为＿＿＿＿区域，分别是＿＿＿＿、＿＿＿＿、＿＿＿＿以及＿＿＿＿。

6. 仿真选项卡用于设置RobotStudio软件的仿真条件，控制仿真程序的＿＿＿＿以及对仿真过程＿＿＿＿等。控制器选项卡中包含＿＿＿＿，可以打开虚拟示教器，也可以实现机器人控制系统的＿＿＿＿、＿＿＿＿以及＿＿＿＿。

7. 视图窗口是用于显示机器人及其应用系统 3D 模型的观察窗口，可以显示机器人、系统模型的位置、组成及机器人的运动过程，按住_____可以实现移动视角，按住_____可以进行视角的旋转。

8. 创建工业机器人工作站有三种方法，分别是_____、_____、_____。

三、任务实施

1. 运用"空工作站解决方案"的方式新建一个工业机器人工作站，如图 1-1-1 所示。

图 1-1-1 空工作站解决方案

（1）单击文件选项卡。RobotStudio 后台视图将会显示，单击"新建"。在工作站视图下，_____。

（2）在解决方案名称框输入解决方案的名称，然后在位置框浏览并选择目标文件夹。默认解决方案路径为 C:\Users\<username>\Documents\RobotStudio\Solutions。

（3）输入解决方案名称，此处写成自己的姓名简拼，该名称也将被用作所含工作站的名称，单击 Create（创建）。

2. 运用"创建工作站与机器人控制器解决方案"的方式新建一个工业机器人工作站，如图 1-1-2 所示。

图 1-1-2 创建工作站与机器人控制器

（1）在后台视图的工作站下，单击_____。

（2）在解决方案名称框输入解决方案的名称为自己的姓名简拼。并储存到默认解决方案路径为 C:\User\<user name>\Documents\RobotStudio\Solutions 的目录下。

（3）在控制器组下，在名称框输入控制器名称或从机器人型号列表选择机器人型号，此处为 IRB_120_1200_5kg_0.58m。

（4）选择选项并单击创建，完成工作站的创建。

任务评价					
评价项目	配分	评价要素	评分标准	自我评价	教师评价
职业素养	40 分	操作规范、合理使用工具	未执行扣 15 分		
		分工明确，具有团队协作意识	未执行扣 15 分		
		工位整理，设备完好并记录	未执行扣 10 分		
职业技能	60 分	创建空工作站解决方案	未执行扣 20 分		
		创建工作站与机器人控制器解决方案	未执行扣 20 分		
		创建空工作站	未执行扣 20 分		
合计					

个人小结：

教师评语：

任务二　搭建工业机器人基础工作站

工作任务	搭建工业机器人基础工作站	教学模式	理实一体
建议学时	2学时	需设备、教材	YL-399、工业机器人教材

一、学习目标

	学习目标
知识目标	了解工业机器人的奇点
	掌握搭建基础模型方法
技能目标	学会创建 Freehand 的运行轨迹
	掌握布局基础工作站
素养目标	通过了解工业机器人的奇点，提高探索新知能力和解决困难能力
	在实训过程中通过"发现问题、解决问题"培养学生的沟通能力和自主探究能力

二、基础知识

1. 工业机器人基础工作站包括两个主要部分，一个部分是＿＿＿＿＿＿，另一部分均可称为＿＿＿＿＿＿。

2. 搭建工业机器人基础工作站分为＿＿＿＿＿、＿＿＿＿＿、＿＿＿＿＿三部分。

3. 使用"＿＿＿＿＿"组合键，单击窗口中模型进行旋转。

4. 虚拟仿真中工具的安装有两种方法，一种方法是在＿＿＿＿＿处，另一种方法，更为简单，直接左键拖拽工具到机器人本体。

5. 在 Freehand 中选择＿＿＿＿＿后，并进行移动，从而对选择捕捉对象其末端焊针对准基础工作站中的作业点。

6. 在搭建你工作站中，可以单击＿＿＿＿＿对目标点进行到达性检测。

7. 写出图1-2-1中工作站名称及控制器状态、工作模式等含义。

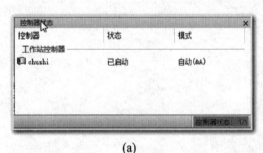
(a)

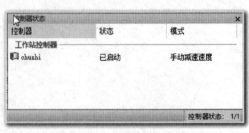
(b)

图1-2-1　控制器状态、工作模式

（a）＿＿＿＿＿＿＿＿＿＿＿＿＿＿＿＿＿＿＿＿＿＿＿＿＿＿＿＿＿＿＿＿＿＿＿＿
（b）＿＿＿＿＿＿＿＿＿＿＿＿＿＿＿＿＿＿＿＿＿＿＿＿＿＿＿＿＿＿＿＿＿＿＿＿

三、任务实施

使用"模型"选项卡进行基础模型的搭建、安装，然后通过将本体及已经搭建的模型进行布局，完成基础工作站的搭建。

1. 搭建基础模型

（1）创建圆柱体："角点，X=0""半径 =100""高度 =250"，创建圆柱体模型，颜色设定为蓝色。

（2）创建角锥体：选项中的"从中心到边 = 100""高度 =200"，其余均默认为"0"，创建锥体模型，颜色设定为黄色。

（3）将已经建模完成的锥体安装到蓝色圆柱体正上方。如图 1-2-2 所示。

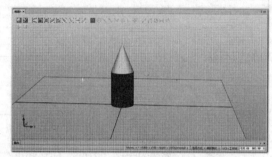

图 1-2-2　锥体与圆柱体组合

2. 布局基础工作站

（1）工作站命名为"work1"并导入名为"IRB120_3_58__01"的 ABB 工业机器人模型。

（2）将 RobotStudio 软件自带的焊枪模型"BinzelTool"安装在本体上。

（3）对工业机器人系统进行安装。

3. Freehand 创建运行轨迹

在仿真选项卡中，将仿真状态进行保存，状态命名为"jichu"。

任务评价

评价项目	配分	评价要素	评分标准	自我评价	教师评价
职业素养	40 分	操作规范、合理使用工具	未执行扣 15 分		
		分工明确，具有团队协作意识	未执行扣 15 分		
		工位整理，设备完好并记录	未执行扣 10 分		
职业技能	60 分	搭建基础模型	未执行扣 20 分		
		正确布局基础工作站	未执行扣 20 分		
		运用 Freehand 创建运行轨	未执行扣 20 分		
合计					

个人小结：

教师评语：

任务三　工具坐标系的建立

工作任务	工具坐标系的建立	教学模式	理实一体
建议学时	2学时	需设备、教材	YL-399、工业机器人教材

一、学习目标

学习目标		
知识目标	了解什么是工具坐标	
	掌握建立工具坐标的方法	
技能目标	学会六点法创建工具坐标	
	掌握验证工具坐标方法	
素养目标	通过建立工业机器人工具坐标，提高学生"精益求精"的工匠精神	
	在创建工具坐标过程中，培养学生的沟通能力和自主探究能力	

二、基础知识

1. 设定工具数据tooldada的方法通常采用TCP和Z，X法（N=4），又称＿＿＿＿＿＿＿＿。

2. 一般用TCP基准针上的＿＿＿＿＿＿作为参考点。

3. TCP是＿＿＿＿＿＿＿＿＿＿＿＿＿＿＿。

4. mass对应＿＿＿＿＿＿，单位为＿＿＿＿＿＿。

5. x、y、z为＿＿＿＿＿＿基于tool0的偏移量，单位为＿＿＿＿＿＿。

6. 用＿＿＿＿＿＿检测机器人是否围绕TCP点运动，从而判断工具坐标是否设定成功。

7. 图1-3-1中，方框内数值的意义是＿＿＿＿＿＿＿＿＿＿。

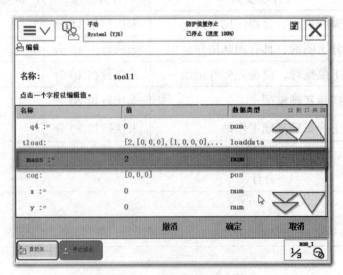

图1-3-1　工具坐标参数

三、任务实施

搭建新的工作站,并练习创建工具坐标。

1. 搭建基础模型

(1)创建圆柱体:"角点,X=0""半径=100""高度=250",创建圆柱体模型,颜色设定为蓝色。

(2)创建角锥体:选项中的"从中心到边=100""高度=200",其余均默认为"0",创建锥体模型,颜色设定为黄色。

(3)将已经建模完成的锥体安装到蓝色圆柱体正上方。如图1-3-2所示。

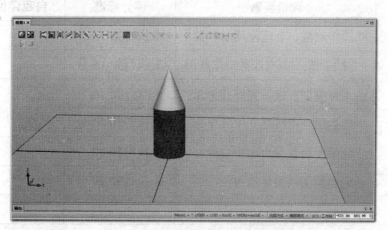

图1-3-2 锥体与圆柱体组合

2. 布局基础工作站

(1)新建工作站命名为"work2"并导入名为"IRB120_3_58__01"的ABB工业机器人模型。

(2)将RobotStudio软件自带的焊枪模型"my tool"安装在本体上,如图1-3-3所示。

(3)对工业机器人系统进行安装。

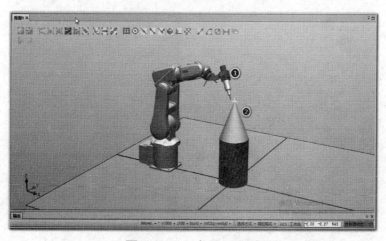

图1-3-3 布局工作站

3.建立工具坐标系

（1）自定义更改工具名称，为"hanqiang"。

（2）用六点法进行工具坐标系的标定。

（3）运用正确的方法检验工具坐标是否设定准确。

任务评价

评价项目	配分	评价要素	评分标准	自我评价	教师评价
职业素养	40分	操作规范、合理使用示教器	未执行扣15分		
		分工明确，具有团队协作意识	未执行扣15分		
		工位整理，设备完好并记录	未执行扣10分		
职业技能	60分	能运用六点法建立工具坐标	未执行扣20分		
		能翻阅新数据声明中数据	未执行扣20分		
		会校验工具坐标的方法	未执行扣20分		
合计					

个人小结：

教师评语：

任务四 工件坐标系的建立

工作任务	工件坐标系的建立	教学模式	理实一体
建议学时	2学时	需设备、教材	YL-399、工业机器人教材

一、学习目标

	学习目标
知识目标	了解什么是工件坐标
	掌握建立工件坐标的方法
技能目标	学会三点法创建工件坐标
	掌握验证工件坐标方法
素养目标	通过建立工业机器人工件坐标，提高学生"精益求精"的工匠精神
	在创建工件坐标过程中，培养学生的沟通能力和自主探究能力

二、基础知识

1. 工件坐标系设定时，通常采用_____点法。

2. X1 和 X2 的连线确定工件坐标_____轴正方向；Y1 确定工件坐标_____正方向；工件坐标原点是 Y1 在工件坐标_____轴上的投影。

3. 工件坐标对应工件，它定义工件相对于_____的位置。

4. 在 ABB 机器人中，工件坐标被称为 "work object data"，简写为_____。

5. 定义工件坐标的作用与优点是什么？

_____

_____

三、任务实施

1. 新建工作站

（1）新建工作站并命名为 "work3"，并在 ABB 模型库导入 IRB120_3_58__01 本体。

（2）通过 "导入模型库" 选择 "propeller_table"，作为模拟工件，位置为 "X=200，Y=-175，Z=0"。

（3）将 RobotStudio 软件自带的焊枪模型 "my tool" 安装在本体上，组成工作站如图 1-4-1 所示。

（4）对工业机器人系统进行安装。

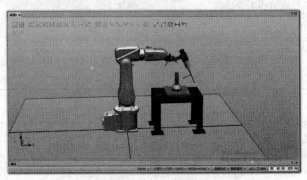

图 1-4-1　新建工作站

2. 设定工件坐标

（1）用所学三点法进行工件坐标的设定，对新工具命名为 "new tool"。

（2）运用正确的方法进行工件坐标的检验。

任务评价					
评价项目	配分	评价要素	评分标准	自我评价	教师评价
职业素养	40 分	操作规范、合理使用示教器	未执行扣 15 分		
		分工明确，具有团队协作意识	未执行扣 15 分		
		工位整理，设备完好并记录	未执行扣 10 分		
职业技能	60 分	能运用三点法建立工件坐标	未执行扣 20 分		
		熟知三点法设定工件坐标的原理	未执行扣 20 分		
		会校验工件坐标的方法	未执行扣 20 分		

个人小结：

教师评语：

任务五　工业机器人数据的备份与恢复

工作任务	工业机器人数据的备份与恢复	教学模式	理实一体
建议学时	2学时	需设备、教材	YL-399、工业机器人教材

一、学习目标

学习目标	
知识目标	了解工业机器人的数据包括内容
	掌握工业机器人数据备份的方法
技能目标	学会恢复工业机器人数据的方法
	学会何时需要数据备份
素养目标	通过工业机器人数据备份的方法，养成良好的细致工作作风
	在实训过程中通过"发现问题、解决问题"培养学生的沟通能力和自主探究能力

二、基础知识

1. 工业机器人数据备份与恢复有两种方法，一种是可以通过_____，另一种是通过_____。

2. 备份功能可以保存_____、_____和_____。

3. ABB 机器人默认的系统备份文件夹是_____。

4. 进行系统备份的目的是_____，优点是_____。

5. 图 1-5-1 中数字表示_____。

6. 图 1-5-2 中文字的意义是_____。

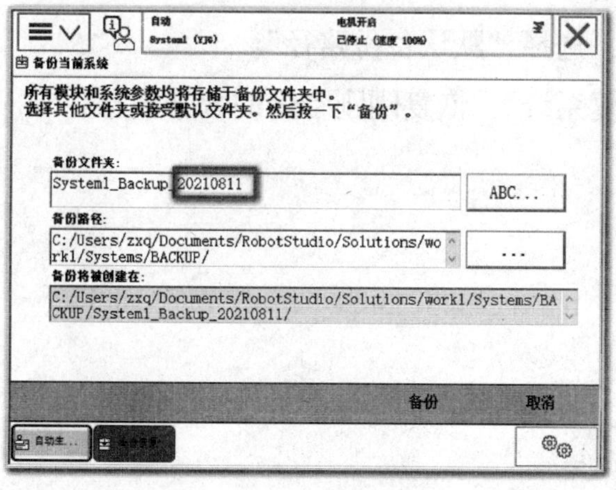

图 1-5-1　备份数据 1

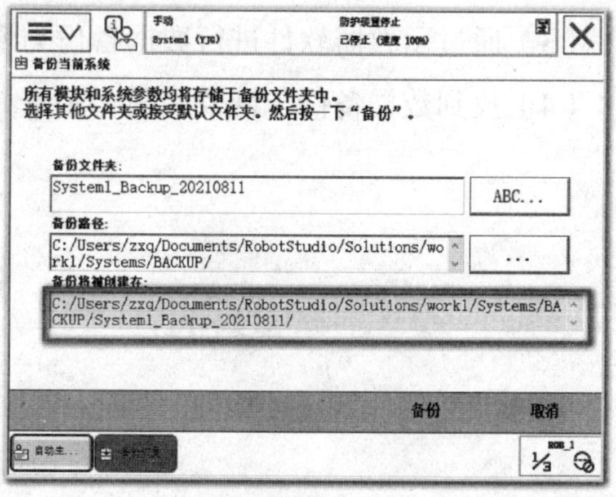

图 1-5-2　备份数据 2

三、任务实施

1. 新建工作站

（1）新建工作站并命名为"work3"，并在 ABB 模型库导入 IRB120_3_58__01 本体。

（2）通过"导入模型库"选择"propeller_table"，作为模拟工件，位置为"X=200，Y=-175，Z=0"。

（3）将 RobotStudio 软件自带的焊枪模型"my tool"安装在本体上，组成工作站如图1-5-3所示。

（4）对工业机器人系统进行安装。

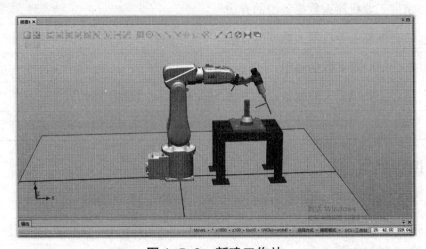

图 1-5-3　新建工作站

2. 进行数据的备份与恢复

（1）通过 RobotStudio 软件进行数据备份，备份时间为当前日期，备份文件位置为桌面。

（2）选择要恢复的备份数据，此处选择刚刚备份的数据，单击"确定"，即可完成系统数据的恢复。

（3）通过示教器软件进行数据备份与恢复，选择"默认备份路径"。

（4）找到数据备份与恢复界面，单击"恢复系统"，恢复刚刚备份的数据信息。

任务评价						
评价项目	配分	评价要素		评分标准	自我评价	教师评价
职业素养	40分	操作规范、合理使用工具		未执行扣15分		
		分工明确，具有团队协作意识		未执行扣15分		
		工位整理，设备完好并记录		未执行扣10分		
职业技能	60分	会用RobotStudio软件进行数据备份与恢复的方法		未执行扣20分		
		会通过示教器软件进行数据备份与恢复的方法		未执行扣20分		
		熟知工业机器人数据的关键定义		未执行扣20分		
合计						

个人小结：

教师评语：

项目二　焊接工作站仿真与实操

任务一　五角星图形焊接轨迹仿真

工作任务	五角星轨迹仿真	教学模式	理实一体
建议学时	4学时	需设备、教材	YL-399、工业机器人教材

一、学习目标

	学习目标
知识目标	掌握调用子程序指令
	掌握关节指令、线性指令、圆弧指令
技能目标	学会五角星图形焊接轨迹的步骤
	学会焊接工作站的打包及录制视频
素养目标	通过调试焊接轨迹程序，提高学生的思维能力和应用能力
	在实训过程中通过"发现问题、解决问题"培养学生的沟通能力和自主探究能力

二、基础知识

1. MoveJ 指令常用于机器人_____。

2. 使用 MoveJ 指令机器人移动的路径是_____。

3. 使用 MoveC 指令完成一个完整的圆周运动需要_____条指令。

4. 使用 MoveC 指令时，起点和终点之间的最小距离为_____mm。

5. ProcCall 指令常用于_____。

6. 机器人通过_____点以圆弧移动方式运动至目标点。

7. 标定工具坐标系的方法有_____。

8. MoveL p10，v500，z50，tool;
   程序注释_____

9. MoveJ phome，v1000，z50，tool3;
   程序注释_____

10. MoveAbsJ jpos10，v200，z50，tool0;
    程序注释_____

三、任务实施

1. 打开轨迹工作站 guiji.rspag 文件，如图 2-1-1 所示，利用 RobotStudio 中的虚拟示教器进行五角星轨迹的编程仿真操作。

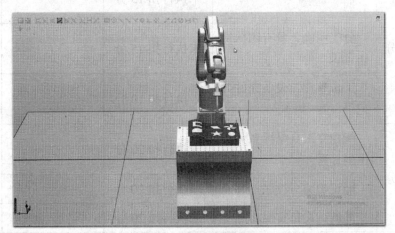

图 2-1-1　轨迹工作站

（1）建立工具坐标

用六点法建立工具坐标，工具命名为"hanqiang"，参数中将工具重量"mass=1"、重心偏移量设置为"cog.z=1"。

（2）建立工件坐标

命名新的工件坐标系名字为"hanjieguiji"。

（3）程序编写及示教

（4）程序调试

（5）焊接工作站的打包及录制视频

2. 在轨迹工作站完成风车的轨迹仿真，具体如图 2-1-2 所示。

图 2-1-2　风车的轨迹仿真

任务评价					
评价项目	配分	评价要素	评分标准	自我评价	教师评价
职业素养	40分	操作规范、合理使用示教器	未执行扣15分		
		分工明确,具有团队协作意识	未执行扣15分		
		工位整理,设备完好并记录	未执行扣10分		
职业技能	60分	能建立工具坐标系和工件坐标系	未执行扣20分		
		能正确编写程序	未执行扣20分		
		能调试设备实现功能	未执行扣20分		
合计					

个人小结:

教师评语:

任务二 焊接工作站综合实操

工作任务	焊接工作站综合实操	教学模式	理实一体
建议学时	4学时	需设备、教材	YL-399、工业机器人教材

一、学习目标

	学习目标
知识目标	了解多边形图形焊接轨迹的步骤
	掌握程序调试方法
技能目标	学会设置速度的方法
	掌握布局基础工作站
素养目标	通过多边形模拟焊接，提高学生的探索新知能力和解决困难能力
	在实训过程中通过"发现问题、解决问题"培养学生的沟通能力和自主探究能力

二、任务实施

1. 打开轨迹工作站 guiji.rspag 文件，如图 2-3 所示，利用 RobotStudio 中的虚拟示教器进行五角星轨迹的编程仿真操作。

（1）建立工具坐标

用六点法建立工具坐标，工具命名为"hanqiang"，参数中将工具重量"mass=1"、重心偏移量设置为"cog.z=1"。

（2）建立工件坐标

命名新的工件坐标系名字为"hanjieguiji"。

（3）程序编写及示教

1）建立 main 主程序。

2）初始化程序"chushihua"子程序搭建。

3）扇形多边形子程序"shanxing"搭建。

正确使用 Move C 指令完成程序的编写。

（4）程序调试

1）手动调试及运行。

2）自动调试及运行。

完成扇形轨迹的仿真操作，如图 2-2-1、图 2-2-2 所示。

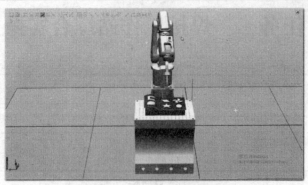

图 2-2-1 扇形轨迹全图

图 2-2-2 扇形轨迹局部图

（5）焊接工作站的打包及录制视频

任务评价					
评价项目	配分	评价要素	评分标准	自我评价	教师评价
职业素养	40分	操作规范、合理使用工具以及示教器	未执行扣15分		
		分工明确，具有团队协作意识	未执行扣15分		
		工位整理，设备完好并记录	未执行扣10分		
职业技能	60分	搭建基础模型	未执行扣20分		
		能建立工具坐标系和工件坐标系	未执行扣20分		
		会用 Move C 指令编写调试程序	未执行扣20分		
合计					
个人小结：					
教师评语：					

项目三　绘图工作站仿真与实操

任务一　多边形图形绘图仿真

工作任务	多边形图形绘图仿真	教学模式	理实一体
建议学时	4学时	需设备、教材	YL-399、工业机器人教材

一、学习目标

	学习目标
知识目标	了解多边形图形绘图仿真的步骤
	掌握常用的 I/O 控制指令
技能目标	掌握 I/O 信号板配置的方法
	掌握 I/O 信号配置的方法
素养目标	通过配置 I/O 信号，提高学生的应变能力
	通过多边形图形绘图仿真练习，提升学生的自主探究能力

二、基础知识

1. 在进行仿真时，可以通过两种方法完成简单图形绘制，一种是_____，另一种是_____。

2. 指令 Set Do16 的作用是_____。

3. 指令 Reset Do16 的作用是_____。

4. 指令 WaitDI Di16，1 的作用是_____。

5. 满足不同条件，执行对应程序用_____指令，如果条件满足，则重复执行对应程序则用_____指令，根据指定的次数，重复执行对应程序则应用_____指令。根据指定变量的判断结果，执行对应程序则应用_____指令。

6. MoveL RelTool（P20，100，0，0\Rz:=45），v100，fine，tool1\wobj:=wobj1; 本条语句的含义是_____。

7. RelTool 指令的功能是_____。

8. DSQC652 板卡上有_____个数字输入通道和_____个数字输出通道。

三、任务实施

打开绘图工作站 huitu-B.rspag 文件，如图 3-1-1 所示，并在相应的布局下，完成 B 图形（左侧）的绘制仿真任务。

图 3-1-1　绘图工作站

1. 工具坐标的建立

本练习任务中采用_____点法定义工具坐标。运用重定位功能，如果机器人围绕_____运动，则说明 TCP 已经标定成功。本练习任务中，工具坐标一律命名为"htlx"，mass 值为"1"。

2. 工件坐标的建立

本练习任务中采用_____点法定义工件坐标，分别为_____、_____、_____。本练习任务中，工件坐标一律命名为"wobjht"。

3. 程序编写及示教

（1）在例行程序中创建

1）创建主程序"main"。

2）创建子程序"chushihua"和"huitugzz"。

（2）正确运用 MoveL、MoveC、MoveJ 指令完成 B 图形绘图的程序编写，如图 3-1-2 所示。

图 3-1-2　B 图形绘图

4. 程序调试

（1）手动运行程序，此时工具限速为 200 mm/s。

（2）自动运行程序时为 250 mm/s。

		任务评价			
评价项目	配分	评价要素	评分标准	自我评价	教师评价
职业素养	40分	操作规范、合理使用工具以及示教器	未执行扣15分		
		分工明确，具有团队协作意识	未执行扣15分		
		工位整理，设备完好并记录	未执行扣10分		
职业技能	60分	正确建立工作站工具坐标系、工件坐标系	未执行扣20分		
		能熟练运用绘图工作站	未执行扣20分		
		能正确调试程序并实现功能	未执行扣20分		
		合计			

个人小结：

教师评语：

任务二　绘图工作站综合仿真

工作任务	绘图工作站综合仿真	教学模式	理实一体
建议学时	4学时	需设备、教材	YL-399、工业机器人教材

一、学习目标

学习目标	
知识目标	了解如何配置 I/O 信号
	掌握自动生成轨迹的方法
技能目标	学会工作站打包
	掌握工作站备份
素养目标	通过配置 I/O 信号，拓展学生对外部设备的了解，提升学生的职业素养
	在实训过程中通过"发现问题、解决问题"培养学生的沟通能力和自主探究能力

二、基础知识

1. Type of Signal 中 "Signal Input" 作为_____指令。

2. Type of Signal 设置为 "Signal Output" 作为_____。

3. Assigned to Device 是_____。

4. 外部停止信号可以直接与电机的_____信号连接。

5. 工作站的打包是将已经完成的_____、_____、_____按照已经设计的逻辑关系作为整体工作站保存下来。

6. "PP 移至 Main"，可以使程序指针移动到_____第一行。

7. 进入 Signal 界面后，单击_____，进行信号的添加。

8. 在实际应用中直线和圆弧的工作速度需要进行区别，一方面_____，另一方面也可以_____。

三、任务实施

打开绘图工作站 huitu-B.rspag 文件，如图 3-1-1 所示，并在相应的布局下，完成对左侧 B 图形的绘制仿真任务。

在此基础上进行外部的 I/O 配置，通过外部 I/O 信号控制工业机器人的运行、停止。按下外部启动按钮，工作站开始进行焊接作业工作，并且运行指示灯亮。按下外部停止按钮，绘图工作站停止运行。

仿真过程要求通过自动生成轨迹的方式完成，最后通过打包工作站，将已经完成的工作站进行保存使用。

1. 配置 I/O 信号

根据任务要求在 RobotStudio 的虚拟仿真示教器下进行 I/O 信号的配置。

2. 工具坐标的建立

工具坐标一律命名为"htlx"，mass 值为"1.0"。

3. 工件坐标的建立

工件坐标一律命名为"wobj_ht"。

4. 程序编写及调试

采用自动生成轨迹的方法，在工作站基本布局中完成图形 B 的绘制。

5. 工作站打包及备份

四、拓展训练

打开焊接工作站 huitu-hanjie.rspag 文件，如图 3-2-1 所示，在汽车车门焊接工作站相应的布局下，完成对应①②③作业部位的仿真任务。

图 3-2-1　汽车车门焊接工作站

在此基础上进行外部的 I/O 配置，通过外部 I/O 信号控制工业机器人的运行、停止。按下外部启动按钮，工作站开始进行焊接作业工作，并且运行指示灯亮。按下外部停止按钮，绘图工作站停止运行。

仿真过程要求通过自动生成轨迹的方式完成，最后通过打包工作站，将已经完成的工作站进行保存使用。

1. 配置 I/O 信号

根据任务要求在 RobotStudio 的虚拟仿真示教器下进行 I/O 信号的配置。

2. 工具坐标的建立

工具坐标一律命名为"httz"，mass 值为"1.0"。

3. 工件坐标的建立

工件坐标一律命名为"wobj_hq"。

4. 程序编写及调试

采用自动生成轨迹的方法，在车门焊接工作站的基本布局中完成相应的①②③轨迹的仿真作业，如图 3-2-2 所示。

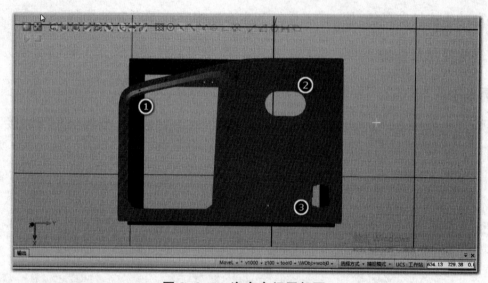

图 3-2-2　汽车车门局部图

5. 工作站打包及备份

任务评价					
评价项目	配分	评价要素	评分标准	自我评价	教师评价
职业素养	40分	操作规范、合理使用工具以及示教器	未执行扣15分		
		分工明确，具有团队协作意识	未执行扣15分		
		工位整理，设备完好并记录	未执行扣10分		
职业技能	60分	能正确配置I/O信号	未执行扣20分		
		能将程序自动生成轨迹	未执行扣20分		
		能熟知程序调试的基本方法	未执行扣20分		
		合计			

个人小结：

教师评语：

任务三　工件坐标的应用

工作任务	工件坐标的应用	教学模式	理实一体
建议学时	4学时	需设备、教材	YL-399、工业机器人教材

一、学习目标

	学习目标
知识目标	了解工件坐标的用途
	掌握更改工件坐标的方法
技能目标	学会更改工件坐标的步骤
	掌握工具坐标的应用方法
素养目标	通过运用工业机器人工件坐标，提高学生精益求精的工匠精神
	在创建并运用工件坐标过程中，培养学生的沟通能力和自主探究能力

二、基础知识

1. 更换工件坐标有两种方法，一种是_____仿真的方法变换工件坐标，另一种是在_____进行工件坐标的重新定义，然后进行重新调试。

2. 由于工件坐标的变更导致_____或者出现_____。

3. 工件坐标系设定时，通常采用_____点法。

4. X1和X2的连线确定工件坐标_____轴正方向；Y1确定工件坐标_____正方向；工件坐标原点是Y1在工件坐标_____轴上的投影。

5. 工件坐标对应工件，它定义工件相对于_____的位置。

三、任务实施

打开绘图工作站huitu-B.rspag文件，如图3-1-1所示，并在相应的布局下，完成对右侧B图形的绘制仿真任务（此时B图形所在的作业平面与水平面夹角为60°）。

在此基础上进行外部的I/O配置，通过外部I/O信号控制工业机器人的运行、停止。按下外部启动按钮，工作站开始进行焊接作业工作，并且运行指示灯亮。按下外部停止按钮，绘图工作站停止运行。

仿真过程要求通过自动生成轨迹的方式完成，最后通过打包工作站，将已经完成的工作站进行保存使用。

1. 配置I/O信号

根据任务要求在RobotStudio的虚拟仿真示教器下进行I/O信号的配置。

2. 工具坐标的建立

工具坐标一律命名为"htlx"，mass 值为"1"。

3. 工件坐标的建立

尝试工件坐标分别采用两种方法更换工件坐标。

（1）RobotStudio 下进行更换工件坐标。

（2）示教器下进行更换工件坐标。

工件坐标一律命名为"wobj_ht"。

4. 程序编写及调试

采用自动生成轨迹的方法，在工作站基本布局中完成图形 B 的绘制。

5. 工作站打包及备份

任务评价						
评价项目	配分	评价要素	评分标准	自我评价	教师评价
职业素养	40 分	操作规范、合理使用示教器	未执行扣 15 分		
		分工明确，具有团队协作意识	未执行扣 15 分		
		工位整理，设备完好并记录	未执行扣 10 分		
职业技能	60 分	能正确配置 I/O 信号	未执行扣 20 分		
		能将程序自动生成轨迹	未执行扣 20 分		
		掌握自动生成轨迹和绘图工作站程序的编写及示教方法	未执行扣 20 分		
合计					

个人小结：

教师评语：

项目四　搬运工作站的仿真与实操

任务一　正方形物料搬运工作站仿真

工作任务	正方形物料搬运工作站仿真	教学模式	理实一体
建议学时	4学时	需设备、教材	YL-399、工业机器人教材

一、学习目标

	学习目标
知识目标	了解 Smart 组件
	掌握 Smart 组建编辑器使用方法
技能目标	学会正方形物料搬运工作站仿真的方法
	掌握工业机器人 I/O 信号与外部设备配置
素养目标	通过建立正方形物料搬运工作站仿真，提高学生的思维能力和合作能力
	将工业机器人 I/O 信号与外部设备配置，培养学生的自主探究能力

二、基础知识

1. 搬运工作站可以完成物料的_____、_____的搬运工作。

2. 新建"DeviceNet Device"是指创建一个_____。

3. 建立 Smart 组件一般分为_____、_____、_____、_____、_____、_____这几个过程。

4. Smart 组件之间的逻辑设计主要完成不同组件之间的逻辑关系设计，此处的组件包括"_____""_____""_____""_____"四个组件。

5. Smart 组件之间的逻辑设计整体来看总共分为三大部分，分别为_____、_____、_____。

6. 工作站逻辑设计，负责完成_____。

7. Smart 组件逻辑设计，负责完成_____。

8. 工业机器人 I/O 信号及 RAPID 程序设计，负责完成_____。

9. 将对应的 I/O 配置设定值填到下表中。

A. Board10　　　B. d652　　　C. DeviceNet　　　D. 10

参数名称	设定值
Name	
Type of Unit	
Connected to Bus	
DeviceNet Adress	

10. 将对应的设定值填到下表中。

A. Digital Output　　　B. Board10　　　C. 16

参数名称	设定值
Type of Signal	
Assigned to Device	
Device Mapping	

三、任务实施

打开搬运工作站 banyun.rspag 文件，如图 4-1-1 所示，并在相应的布局下，完成对六边形物料的搬运仿真任务。

在此基础上进行外部的 I/O 配置，通过外部 I/O 信号控制工业机器人的运行、停止。按下外部启动按钮，工作站开始进行搬运作业工作，并且运行指示灯亮。按下外部停止按钮，搬运工作站停止运行。

正确使用线性指令 MoveL 和关节指令 MoveJ 和偏移指令 Offs，完成六边形物料的搬运仿真任务，最后通过打包工作站，将已经完成的工作站进行保存使用。

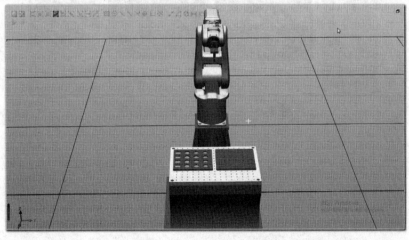

图 4-1-1　搬运工作站

1. 配置 I/O 信号

根据任务要求在 RobotStudio 的虚拟仿真示教器下进行搬运工作站的 I/O 信号的配置。

2. 工具坐标的建立

工具坐标一律命名为"xipan"，mass 值为"1"，重心默认使用"0，0，1"。

3. 工件坐标的建立

工件坐标一律命名为"banyun"。

4. 建立 Smart 组件

（1）创建_____组件。

（2）创建 LineSensor 传感器组件。

（3）创建 Attacher_____组件。

（4）创建 Dettacher。

（5）创建_____信号。

（6）工作站逻辑设计。

（7）Smart 组件之间的逻辑设计。

5. 六边形物料搬运的程序编写及调试

正确创建程序框架并进行程序调试，按如图 4-1-2 所示的顺序完成进行六边形物料的搬运。

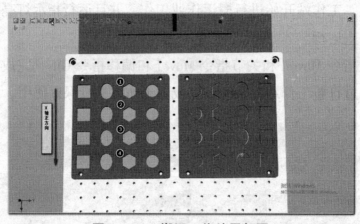

图 4-1-2 搬运工作站局部图

任务评价					
评价项目	配分	评价要素	评分标准	自我评价	教师评价
职业素养	40分	操作规范、合理使用工具以及示教器	未执行扣15分		
		分工明确，具有团队协作意识	未执行扣15分		
		工位整理，设备完好并记录	未执行扣10分		
职业技能	60分	正确配置工作站的I/O信号并掌握建立Smart组件的方法	未执行扣20分		
		掌握搬运工作站程序的编写及示教方法	未执行扣20分		
		掌握程序调试的基本方法	未执行扣20分		
		合计			

个人小结：

教师评语：

任务二 搬运工作站综合仿真与实操

工作任务	搬运工作站综合仿真与实操	教学模式	理实一体
建议学时	4学时	需设备、教材	YL-399、工业机器人教材

一、学习目标

学习目标	
知识目标	了解条件判断指令
	掌握赋值指令
技能目标	学会创建 Freehand 的运行轨迹
	掌握布局基础工作站——搬运工作站综合仿真
素养目标	通过学习条件判断指令和赋值指令，提高学生探索新知的能力和解决困难的能力
	在实操过程中通过"发现问题、解决问题"培养学生的沟通能力和自主探究能力

二、基础知识

1. （WHILE）是_____指令。

2. （ := ）是_____指令。

3. 对变量进行赋值常用的程序数据类型有_____、_____、_____。

三、任务实施

打开搬运工作站 banyun.rspag 文件，将物料放料区的物料按如图 4-2-1 所示的顺序从 1 号正方形物料到 4 号圆形物料全部重新放到取料区。

在此基础上进行外部的 I/O 配置，通过外部 I/O 信号控制工业机器人的运行、停止。按下外部启动按钮，工作站开始进行搬运作业工作，并且运行指示灯亮。按下外部停止按钮，搬运工作站停止运行。

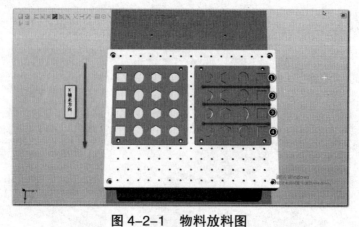

图 4-2-1 物料放料图

1. 配置 I/O 信号

根据任务要求在 RobotStudio 的虚拟仿真示教器下进行搬运工作站的 I/O 信号的配置。

2. 工具坐标的建立

工具坐标一律命名为"xipan"，mass 值为"1"，重心默认使用"0, 0, 1"。

3. 工件坐标的建立

工件坐标一律命名为"banyun"。

4. 建立 Smart 组件

（1）创建_____组件。

（2）创建 LineSensor 传感器组件。

（3）创建 Attacher_____组件。

（4）创建 Dettacher。

（5）创建_____信号。

（6）工作站逻辑设计。

（7）Smart 组件之间的逻辑设计。

5. 物料搬运的程序编写及调试

正确创建程序框架并进行程序调试。

6. 录制屏幕及保存工作站画面

任务评价

评价项目	配分	评价要素	评分标准	自我评价	教师评价
职业素养	40 分	操作规范、合理使用工具以及示教器	未执行扣 15 分		
		分工明确，具有团队协作意识	未执行扣 15 分		
		工位整理，设备完好并记录	未执行扣 10 分		
职业技能	60 分	掌握搬运工作站的 I/O 配置方法	未执行扣 20 分		
		能建立 Smart 组件	未执行扣 20 分		
		掌握搬运工作站综合仿真方法	未执行扣 20 分		
合计					

个人小结：

教师评语：

项目五 RobotStudio 在线应用

任务一 RobotStudio 与控制器的连接

工作任务	RobotStudio 与控制器的连接	教学模式	理实一体
建议学时	2学时	需设备、教材	YL-399、工业机器人教材

一、学习目标

	学习目标
知识目标	了解完成 RobotStudio 与真实工业机器人控制器的在线连接步骤
	掌握在线传送文件的方法
技能目标	掌握在线修改 RAPID 程序的方法
	掌握 PC 端 IP 地址的设置方法
素养目标	通过练习 IP 设置与通讯，为培养学生做合格职业人打好基础
	通过在线修改 RAPID 程序的方法，培养学生的沟通能力和自主探究能力

二、基础知识

1. RobotStudio 的在线应用是指将 PC 端的 RobotStudio 软件通过_____与工业机器人_____连接，实现在线对工业机器人进行_____、_____、_____和_____。

2. 通常将 PC 以物理方式连接到控制器有两种方法，分别是连接到_____或连接到工厂的_____。

3. 服务端口配置了一个_____地址。

4. DSQC 1000 主计算机共有_____个端口，通过这 11 个端口与控制柜内部、外部通信。

5. UAS 用户是人员登录_____所使用的账户。

6. 网线一端需连接到计算机的_____，另一端连接到控制器的_____端口。

7. 如果使用固定 IP 地址，计算机的 IP 必须与_____IP 地址处于_____且不能相同。

三、任务实施

完成 RobotStudio 与真实工业机器人控制器的在线连接。

1. 进行网线的实际连接

（1）将网线一端需连接到计算机的_____端口。

（2）另一端连接到控制器的_____端口。

2. PC 端 IP 地址的设置

分别练习以下两种方法。

（1）计算机的 IP 地址的获取方式设置为"自动获得 IP 地址"。

（2）使用固定 IP 地址进行设置。

ABB 工业机器人服务端口的 IP 地址为 192.168.125.1。

PC 的 IP 地址设定为是 192.168.125.8。

3. 完成 RobotStudio 与控制器的连接

任务评价					
评价项目	配分	评价要素	评分标准	自我评价	教师评价
职业素养	40 分	操作规范、合理使用计算机	未执行扣 15 分		
		分工明确，具有团队协作意识	未执行扣 15 分		
		工位整理，设备完好并记录	未执行扣 10 分		
职业技能	60 分	正确进行 RobotStudio 软件与控制器的在线连接	未执行扣 20 分		
		会在线修改 RAPID 程序	未执行扣 20 分		
		熟知在线调试机器人的步骤与方法	未执行扣 20 分		
合计					

个人小结：

教师评语：

任务二 在线修改 RAPID 程序及文件传送

工作任务	在线修改 RAPID 程序及文件传送	教学模式	理实一体
建议学时	2 学时	需设备、教材	YL-399、工业机器人教材

一、学习目标

	学习目标
知识目标	了解完成 RobotStudio 与真实工业机器人控制器的在线连接步骤
	掌握在线传送文件的方法
技能目标	掌握在线修改 RAPID 程序的方法
	掌握传送文件的方法
素养目标	为培养学生做合格职业人打好基础
	通过合作完成在线文件传送，培养学生的沟通能力和自主探究能力

二、基础知识

1. RobotStudio 软件与控制器在线连接后，可以在线对工业机器人控制器内部程序进行_____、_____、_____、恢复系统备份。

2. RobotStudio 软件与控制器在线连接后，通过_____授权后可实现在线修改机器人 RAPID 程序。

3. 权限授权后，可以对控制器内的_____、_____、_____进行修改。

4. PC 端可以与_____端进行文件互传。

5. RobotStudio 软件与控制器在线连接之前，机器人状态钥匙开关须在_____状态下。

三、任务实施

1. 在线传送文件

将绘图工作站如图 5-2-1 所示，把相应的文件传送到控制器内，并进行程序调试运行。

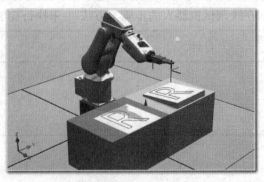

图 5-2-1 绘图工作站

2. 在线修改 RAPID 程序

（1）将机器人运行速度修改从 v1000 改为 v200。

（2）将转弯半径 z50 改为 z20。

3. 在线监测机器人的运行状态

4. 对已修改的系统文件进行备份

5. 为示教器添加一个管理员权限

用户名：abbadmin

密码：123456

任务评价					
评价项目	配分	评价要素	评分标准	自我评价	教师评价
职业素养	40 分	操作规范、合理使用计算机	未执行扣 15 分		
		分工明确，具有团队协作意识	未执行扣 15 分		
		工位整理，设备完好并记录	未执行扣 10 分		
职业技能	60 分	正确完成文件传送	未执行扣 20 分		
		会在线传送文件并保存到外部设备	未执行扣 20 分		
		熟知在线调试机器人的步骤与方法	未执行扣 20 分		
		合计			

个人小结：

教师评语：